BEI GRIN MACHT SICH IHR WISSEN BEZAHLT

- Wir veröffentlichen Ihre Hausarbeit, Bachelor- und Masterarbeit

- Ihr eigenes eBook und Buch - weltweit in allen wichtigen Shops

- Verdienen Sie an jedem Verkauf

Jetzt bei www.GRIN.com hochladen und kostenlos publizieren

Bibliografische Information der Deutschen Nationalbibliothek:

Die Deutsche Bibliothek verzeichnet diese Publikation in der Deutschen National-
bibliografie; detaillierte bibliografische Daten sind im Internet über http://dnb.d-
nb.de/ abrufbar.

Impressum:

Copyright © 2008 GRIN Verlag, Open Publishing GmbH
Druck und Bindung: Books on Demand GmbH, Norderstedt Germany
ISBN: 9783640498437

Dieses Buch bei GRIN:

http://www.grin.com/de/e-book/142049/diskussion-um-eine-neue-regionale-geo-
graphie

Jörn Rickert

Diskussion um eine 'Neue Regionale Geographie'

GRIN Verlag

Universität Hamburg, Institut für Geographie

Seminar: Wissenschaftstheoretische und methodologische Einführung in die Geographie

Die Diskussion um eine

„Neue Regionale Geographie"

Jörn Rickert

Inhaltsverzeichnis

1. Einleitung

Betrachtet man zwei Aussagen aus den Jahren 1929 und 1933, so weckte es den Anschein, dass die Regionale Geographie sich endgültig als Kerngebiet der Geographie etabliert hatte. (vgl. BLOTEVOGEL 1996) Die erste Aussage aus dem Jahr 1929 von dem österreichischen Wissenschaftstheoretiker Viktor Kraft beinhaltet, dass, wenn man alle Zweige der allgemeinen Geographie zu selbständigen Disziplinen erklären würde, nur die Länderkunde als eigentliche Geographie übrig bleiben würde. (vgl. KRAFT 1929) Der deutsche Geograph Hermann Lautensbach tätigte 1933 die Aussage, dass die Geographen sich größtenteils darüber einig seien, dass die Länderkunde das Kerngebiet der Geographie darstelle. (vgl. LAUTENSACH 1933) Verdeutlicht wurden diese Aussagen von Ernst PLEWE 1952, in dem er die Geographie als „Raumwissenschaft" und die Regionale Geographie als deren Kern definierte. Allerdings gerieten diese Auffassungen und Aussagen in den folgenden Jahrzehnten in Kritik und eine große Debatte folgte.

Diese Diskussion um die Regionale Geographie, die auch als Landes- und Länderkunde bezeichnet wird, möchte ich in der folgenden Hausarbeit näher erläutern. Im ersten Teil meiner Hausarbeit werde ich auf die Entwicklung und die aktuelle Situation der Regionalen Geographie eingehen. Im Weiteren werde ich den Ansatz von Annsi PAASI näher erläutern. Anschließend werde ich auf drei verschiedene Ansätze zur „New Regional Geography", die von dem Geographen Gerald WOOD zusammengefasst wurden, näher eingehen. Weiter werde ich die Studien „Locality Studies", die aus einem englischen Forschungsprojekt entstanden, vorstellen. Zum Ende meiner Hausarbeit werde ich ein Fazit ziehen.

2. Entwicklung und Situation der Regionalen Geographie

Wie bereits in der Einleitung erwähnt, geriet die Auffassung, die Regionale Geographie als Kern der Geographie zu sehen, in den sechziger und siebziger Jahren in starke Kritik. Im angloamerikanischen Raum wurde die Debatte über die allgemeine Konzeption der Geographie bereits in den fünfziger Jahren entzündet und Mitte der sechziger Jahre zum Nachteil der Regionalen Geographie entschieden. Durch den Kieler Geographentag im Jahr 1969 wurde im westlichen Deutschland die Landes- und Länderkunde kritisch reflektiert und hinterfragt. In der damaligen Deutschen Demokratischen Republik (DDR) unterblieb allerdings damals diese Begutachtung und Hinterfragung der Regionalen Geographie, da bereits in den fünfziger Jahren die Länderkunde zu einer veralteten und hinfälligen bürgerlichen Wissenschaft erklärt wurde. (vgl. BLOTEVOGEL 1996)

Die Kritik betraf vier Punkte:

Die Aufgabe einer Wissenschaft sei es, Theorien zu bilden, um damit empirisch gehaltvolle Erklärungen zu liefern. Einige Wissenschaftler sind der Ansicht, die Landes- und Länderkunde sei unwissenschaftlich, da sie lediglich Fakten sammele und beschreibe und nur die Individualität von Ländern, Regionen und Landschaften zu erfassen versuche. Dieses wissenschaftstheoretische Argument wurde in den sechziger und siebziger Jahren von Vertretern des logischen Empirismus und des kritischen Rationalismus hervorgebracht.

Zudem sei die Landes- und Länderkunde gesellschaftlich irrelevant, da sie Fragen der gesellschaftlichen Praxis ausklammere und Wissen weitergäbe, dass für die Gesellschaft von geringem Interesse sei. Betrachtet man dieses Argument allerdings wissenschaftsgeschichtlich, so ist es nicht voll zutreffend oder sogar falsch. Gerade zwischen den Jahren 1890 und 1930 hatte die Landes- und Länderkunde eine gewichtige gesellschaftliche Funktion in Politik und Bildung. Diese gewichtige Funktion ist allerdings in der Nachkriegszeit und in der Reformperiode zwischen 1967 und 1974 verloren gegangen.

Darüber hinaus wurde der geographischen Landes- und Länderkunde Geodeterminismus vorgeworfen. Dieses geschah insbesondere von außergeographischen Kritikern. „Geodeterminismus, häufig auch synonym für Umwelt- oder Naturdeterminismus verwendet, ist ein Sammelbegriff für Ansätze geographischer Forschung, welche die kausale (Vor-)Bestimmtheit menschlichen Handelns durch den Raum beziehungsweise die Natur postulieren. Gemäß der Grundthesen des Geodeterminismus sind alle menschlichen Kulturen und Gesellschaften als Ausdrucksformen natürlicher Bedingungen anzusehen und ursächlich auf diese zurückzuführen." (WERLEN 2000, S. 383) Und genau so betrachtet die Regionale Geographie nicht nur die Fakten im Raum als Individuum, sondern versucht die kausalen beziehungsweise funktionalen Beziehungen im Raum aufzuzeigen.

Schließlich entzündete sich die Kritik an dem verdeckten normativen Gehalt einer der Regionalen Geographie impliziten parochialen Weltsicht (parochial = zur Pfarrei gehörend). Die traditionelle Landes- und Länderkunde ging von einem wohlgeordneten Weltbild aus, in dem die natürlichen und gesellschaftlichen Einheiten räumlich segmentiert sind. Dieses Bild galt für vormoderne Gesellschaften und ist für unser Zeitalter nicht anwendbar, da es die immer wichtiger werdenden räumlichen Verflechtungszusammenhänge wie auch die Konflikthaftigkeit von Raumbildungen überhaupt nicht beinhaltet. (vgl. BLOTEVOGEL 1996)

In den siebziger Jahren galt die Landes- und Länderkunde in der Bundesrepublik Deutschland (BRD) allenfalls als faktenbeschreibende Vorstufe von Wissenschaft oder aber als Anwendung von Wissenschaft für praktische Zwecke. Die Landes- und Länderkunde als Disziplin wurde nicht mehr als Kern der Geographie bezeichnet und aus dem Zentrum verdrängt. Sie schien unwichtig zu werden. In der DDR war die Entwicklung der Regionalen Geographie ab den siebziger Jahren im Gegensatz zur Entwicklung in der BRD positiver. Nachdem, wie oben bereits erwähnt, in den fünfziger und sechziger Jahren die Landes- und Länderkunde vehement abgelehnt worden war, rehabilitierte sie sich Anfang der siebziger Jahre. Die Rehabilitation erfolgte einerseits durch den Einfluss der sowjetischen Geographie und andererseits durch das enge Zusammenwirken der natur- und gesellschaftswissenschaftlichen Zweige der Geographie. So wurde auch der „Atlas DDR" gemeinsam erarbeitet.

In den achtziger Jahren wandelte sich das Bild in der BRD. Es zeigten sich erste Ansätze einer Neubewertung der Regionalen Geographie. Im deutschsprachigen Raum wurden Überlegungen angestellt, die eine hermeneutische Begründung der Landes- und Länderkunde beinhalteten. Auch im angloamerikanischen Sprachraum begann eine breite Diskussion zur Konstitution einer „New Regional Geography", auf die ich im weiteren Verlauf meiner Hausarbeit noch genauer eingehen werde. (vgl. BLOTEVOGEL 1996)

Zu Beginn der neunziger Jahre war die Diskussion im vereinigten Deutschland um die Regionale Geographie unübersichtlich und verwirrend. Sowohl in der Gesellschaft als auch unter Wissenschaftlern herrschte diese irritierende Unübersichtlichkeit. Dieses ließ sich an mindestens vier Gegensätzen fest machen. Dies galt sowohl in der Gesellschaft als auch unter Wissenschaftlicher und ließ sich an mindestens vier Gegensätzen festmachen.

Der erste Gegensatz herrschte zwischen ost- und westdeutschen Geographen. So gab es große Unterschiede in der Einschätzung der Landes- und Länderkunde. Gründe für diese Unterschiede waren in den getrennten Wegen der Theoriediskussion und in den unterschiedlichen internationalen Verflechtungen zu finden. (vgl. BLOTEVOGEL 1996)

Zudem bestand ein Widerspruch zwischen einer sehr geringen Wertschätzung der Landes- und Länderkunde einerseits und einer großen Anzahl von Publikationen zur Regionalen Geographie andererseits. Zu bemerken ist auch, dass diese Publikationen vom Markt nachgefragt wurden. Aufgrund dieser großen Nachfrage wurde so viele Länderkunden geschrieben wie noch nie in der Geschichte der Geographie zuvor. (vgl. BLOTEVOGEL 1996)

Weiter bestand ein Gegensatz zwischen den Theoriediskussionen im angloamerikanischen, niederländischen und französischen Sprachraum einerseits und dem deutschen Sprachraum andererseits. Im nichtdeutschen Sprachraum gab es eine lebendige Diskussion zur „New Regional Geography", während im deutschen Sprachraum zwar viele Länderkunden geschrieben wurden, eine vertiefte Reflexion jedoch fehlte. (vgl. EHLERS u. WERTH 1990)

Schließlich hatte sich zwischen sozialwissenschaftlichen und naturwissenschaftlichen orientierten Geographen eine Kommunikationsbarriere aufgebaut.

Mitte der neunziger Jahre schien es so, als seien die wesentlichen Argumente zum Thema Regionale Geographie gesagt und ausgetauscht worden. Es hatte sich eine gewisse Erschöpfung in theoretischen Fragen zur Landes- und Länderkunde breit gemacht. Für die Geographie als Wissenschaftsdisziplin zeichnete sich eine zunehmende Aufteilung ab. So teilte sie sich in einzelne Spezialgebiete auf, die wiederum mit ihren jeweiligen Nachbarwissenschaften (Hydrologie, Klimatologie, Geoökologie, Stadtforschung usw.) kooperierten. Die Regionale Geographie wird heute zumeist als Sammlung, Verarbeitung und Darstellung regionalen Wissens verstanden. Allerdings wird sie kaum noch als Forschungsaufgabe verstanden. Daraus resultiert eine weit verbreitete Unsicherheit. Und gerade die Forschungsaufgabe gilt als Anforderung an die Zukunft der Regionalen Geographie. (vgl. BLOTEVOGEL 1996)

3. Ansatz von Annsi Paasi (1986) zur „New Regional Geography"

Bei dem Ansatz von PAASI zur neuen Regionalen Geographie aus dem Jahr 1986 steht die regionale Identität im Vordergrund. Hierbei spielen das Zugehörigkeitsbewusstsein und der Zugehörigkeitswillen zu den verschiedenen Regionen eine Rolle.
Der Ausgangspunkt von PAASI ist die Verbindung der soziologischen Handlungstheorie mit den Gesellschaftsstrukturtheorien. Diese Verbindung erfolgt über den Raum. Laut PAASI können Regionen einen beliebigen räumlichen Zuschnitt haben. Diese Regionen beziehungsweise Räume können zum Beispiel ein Raum in einem Haus, ein Straßenzug, eine Fertigungshalle in einer Fabrik, ein Dorf, eine Stadt oder Gebiete, die bis über Landesgrenzen

hinaus gehen, sein. Hierbei kommt es sehr auf den zu erfassenden Sachverhalt und die Zielgruppe an. Laut PAASI geht es der „New Regional Geography" darum, die Regionen als Teil der sozialen und räumlichen Struktur zu sehen und ein Bewusstsein für die jeweilige seine Region zu entwickeln. Dadurch entsteht im Weiteren die regionale Identität. Hat sich einmal eine Region mit zugehöriger Identität gebildet, wird diese Region samt ihrer zugehörigen Identität auch bestehen bleiben.

Durch unterschiedliche Handlungen, die eine unterschiedliche räumliche Reichweite haben und sich auf verschiedene Regionen beziehen, zum Beispiel in der Gesetzgebung, Wirtschaft, Kultur oder Politik, ist gut zu erkennen, dass sich Zuständigkeiten, Einzugsbereiche und Aktionsradien stark voneinander unterscheiden. So haben zum Bespiel der Arbeitsmarkt, der Absatzmarkt der Bremer Industrien, der Arbeitsamtbezirk Bremen, der Stadtstaat Bremen, das Verbreitungsgebiet der Bremer Tageszeitungen, das Oberzentrum Bremen und der Kommunalverband Bremen/Niedersachsen alle jeweils einen unterschiedlichen räumlichen Zuschnitt und unterschiedliche Zuständigkeits- bzw. Einzugsbereiche. (vgl. BAHRENBERG 1996)

4. Verschiedene Ansätze nach Gerald Wood

Nachdem ich im ersten Teil meiner Hausarbeit auf die Entwicklung der Regionalen Geographie im letzten Jahrhundert eingegangen bin, werde ich nun drei aktuelle Ansätze zur „Neuen Regionalen Geographie" vorstellen. Diese Ansätze wurden 1996 von dem Geographen Gerald WOOD zusammengefasst und daraufhin untersucht, welchen Beitrag sie zu einer Begründung der Regionalen Geographie beisteuern können. Es wird darauf hingewiesen, dass diese Ansätze nicht endgültig, sondern offen sind und somit, gerade im deutschsprachigen Raum, diskussionsbedürftig. Es wird von einer „Neuen Regionalen Geographie" beziehungsweise von einer „New Regional Geography" gesprochen, da sich diese von den Ansätzen und Vorstellungsbildern der „Regionalen Geographie" abgrenzt. (vgl. WOOD 1996)

Es lassen sich innerhalb der New Regional Geography drei Ansätze unterscheiden:
1. Der polit-ökonomische Ansatz
2. Der humanistisch-phänomenologische Ansatz
3. Der strukturationstheoretische Ansatz

Im Folgenden werde ich die drei Ansätze vorstellen:

Für den polit-ökonomischen Ansatz wird die regionale Ebene bedeutsam. Dies ist gerade im Hinblick auf die räumliche Umsetzung des Prinzips der Arbeitsteilung in kapitalistischen Gesellschaften der Fall. Nach MASSEY (1984) finden regionale Entwicklungen in einem sozialräumlich historisch entstandenen Zusammenhang statt, nicht aber im luftleeren Raum. Die unterschiedlichen Entwicklungen in einem Raum haben Einfluss auf sein gesamtes System. Hieraus entstehen Rückkopplungen für die Region.

Ein weitergefasstes Verständnis des polit-ökonomischen Ansatzes unterbreitet GILBERT (1988): Seinem Verständnis nach spiegelt sich auf der regionalen Ebene die räumliche Organisation sozialer Prozesse der spezifischen politisch-ökonomischen Organisation einer Gesellschaft. Laut der Aussage von GILBERT (1988): „…. the substance of regional geography has become the triangular relations between people, society and nature. " hat die "Neue Regionale Geographie" keine Wechselwirkung mehr zwischen Natur und Mensch wie in der traditionellen Regionalen Geographie, sondern eine Dreiecksbeziehung zwischen Mensch, Gesellschaft und Natur. Diese Theorie wird von vielen Wissenschaftlern unterstützt.

Bei dem humanistisch-phänomenologischem Ansatz steht das Verhältnis vom Menschen zu seiner Region im Mittelpunkt der Betrachtung. Diesen Ansatz kann man auch als den Versuch einer mehrfachen Perspektivänderung umschreiben. Dieser Versuch bezieht sich auf den Forscher. Er soll versuchen, seine Outsider-Perspektive aufzugeben und sich die Insider-Perspektive der beforschten Subjekte zu Nutze machen. Dadurch sollen Strukturen und Prozesse leichter erkannt werden, und die Forschung findet näher am Menschen statt.

In der Neuen Regionalen Geographie steht der bewusst handelnde Mensch im Vordergrund. Die Menschen sollen bewusst die gemeinsame Kultur ihrer Region wahrnehmen, wodurch die Entstehung eines speziellen Verhältnisses der Menschen zu ihrer räumlichen Umwelt bezweckt werden soll. Durch das bewusste Handeln der Menschen soll eine regionale Identität wachsen.

Der strukturationstheoretische Ansatz ist auf die Strukturierungstheorie des britischen Soziologen Anthony GIDDENS zurückzuführen. Die Region wird als spezifische raum-zeitliche Konstellation sozialer Beziehungen gesehen, wird gleichzeitig aber auch als Medium dieser sozialen Beziehungen. Durch die soziale Praxis unterliegt das Medium permanenten Veränderungen. POHL beschrieb es treffend, indem er davon sprach, dass die Region zu einem „mitreagierenden Katalysator" wird, das heißt, sie passt sich den jeweiligen Veränderungen an. Laut WOOD ist der strukturationstheoretische Ansatz wohl am weitesten vom klassischen Verständnis der Regionalen Geographie entfernt. Dies macht er an zwei Punkten fest: Erstens stehe bei diesem Ansatz nicht mehr der Raum beziehungsweise die Region im Vordergrund, sondern nur das soziale Geschehen unter bestimmten räumlichen und zeitlichen Bedingungen. Und zweitens gehe bei diesem Ansatz der Anspruch verloren, dass Physische und Anthropologische Geographie zusammengeführt werden.

WOOD (1996) ist der Ansicht, dass die drei theoretisch-konzeptionellen Ansätze zur „New Regional Geography" nicht klar voneinander abgrenzbar. Er spricht von zwei Gemeinsamkeiten, die die drei Ansätze miteinander verbinden. Zum einen findet er eine Gemeinsamkeit in dem Verständnis des Regions-Begriffs und zum anderen in der zentralen Erkenntnisdimension von Individuum und Geschichte. Der ontologische Status, der der „Region" zugeschrieben wird, ist in allen drei Ansätzen sehr groß. Die „Regionen" sind somit ein wichtiges Merkmal in der Diskussion um eine „Neue Regionale Geographie". Sie gelten als Produkt menschlicher Geschichte, sind ein beständiges Kennzeichen der Gesellschaft und als Ergebnis und Medium sozialer Beziehungen zu verstehen. Die verschiedenen Regionen sind somit durch die verschiedenen Individuen, die in ihr leben, gekennzeichnet. Das Individuum ist im Rahmen der „New Regional Geography" in dreifacher Weise bedeutsam, und zwar in theoretischer, methodologischer und moralischer Hinsicht. Auf der theoretischen Ebene wird die Bedeutung des Einzelnen als integralem Bestandteil sozialer Strukturen und Prozesse hervorgehoben. Die Methoden der Forscher sollen so gewählt werde, dass sie eine geringe Verfälschung der Worte und des Handelns von Individuen mit sich bringen. Hervorgehoben wird der moralische Aspekt, der den Umgang des Forschers mit seinem Untersuchungsgegenstand betrifft. Die Behandlung des Individuums beziehungsweise des Untersuchungsgegenstandes soll respektvoll erfolgen. (vgl. WOOD 1996)

5. Forschungsprojekt „Locality Studies"

„Locality Studies" sind Studien, die aus einem Forschungsprojekt resultieren, welches von 1984 bis 1987 in Großbritannien durchgeführt wurde. Der Norden Großbritanniens war seit den 70er Jahren in eine tief greifende Strukturkrise gestürzt, während vor allem der Südosten des Landes eine Boomphase erlebte. Die Krise im Norden war auf den Niedergang des Montansektors, des Schiffbaues und Teile des Maschinenbaues zurückzuführen. Der Boom im Südosten hingegen kam durch das Wachstum des Dienstleistungssektors und von High-

Tech-Produktionen sowie der global wachsenden Stadt London. In dem Forschungsprojekt standen zwei Fragen im Mittelpunkt: 1. Wie wirkt sich der wirtschaftliche Strukturwandel auf bestimmte „localities" aus? 2. Wie reagieren die „localities" auf diesen Wandel? Weiter stand die Frage im Raum, welche politischen Strategien in den „localities" verfolgt und inwieweit diese autonom bestimmt wurden.

Schwierigkeiten gab es bei der präzisen Definition des zentralen Begriffs „locality". Wörtlich übersetzt bedeutet er soviel wie „Örtlichkeit" oder „Gegend". COOKE (1989) definierte „locality" als sozialräumliche Basis für alltägliche, wirtschaftliche und politische Aktivitäten von Gruppen und Individuen. Vor Beginn der Forschungsarbeit müsste die Abgrenzung der „locality" erst empirisch ermittelt werden. Allerdings wurden in den meisten Fällen Arbeitsmarktregionen als Untersuchungsräume gewählt. Über mehrere Jahre wurden sieben „localities", die verschiedene Arbeitsmarkttypen repräsentieren, untersucht. Die empirische Untersuchung erfolgte nach folgenden Merkmalen:

- Wirtschafts- und Sozialgeschichte der „locality"
- Arbeitsmarkt
- Kapital- und Arbeitsbeziehungen
- Sozialstrukturen
- Wohnungsmarkt
- Politik
- Planungspolitik
- Soziokulturelle Verarbeitung des Strukturwandels

Zwei Tendenzen haben sich deutlich durch die Forschungsarbeit abgezeichnet: Zum einen, dass die Orientierung der lokalen Politik nicht an bestimmte parteipolitische Mehrheiten gebunden war, und zum anderen, dass der Handlungsspielraum auf lokaler Ebene, in Krisen- wie auch in Wachstumsregionen, durch die Regierungspolitik der Ära Thatcher stark eingeengt wurde.

Die Forschungsarbeit der „Locality Studies" wurde aber auch kritisiert. Ihr wird ein mangelhaftes theoretisches Konzept vorgeworfen. So werde der Zusammenhang von wirtschaftlichem Wandel sowie kulturellen und politischen Veränderungen nicht erörtert. Außerdem wird kritisiert, dass der Blick zu sehr auf die lokale Ebene konzentriert sei und den

Zusammenhang zur Weltwirtschaft missen lasse. Weiter seien die Studien zu strukturalistisch, weshalb die Analyse von individuellen Verarbeitungsformen des Wandels zu kurz komme.

Die Studien seien nur dann als zukunftsweisendes Forschungsprogramm anzusehen, wenn sie theoretischer eingebettet würden, da sie ansonsten in eine Vielzahl theoretischer Einzelergebnisse zerfallen würden. (vgl. DANIELZYK u. OßENBRÜGGE 1993)

6. Fazit

In der „Neuen Regionalen Geographie" steht die Betrachtung der sozialen Beziehungen, durch die die Regionen ihre heutige Gestalt angenommen haben, im Vordergrund. In der traditionellen regionalen Geographie war es die Geschichte der Region(en), die im Vordergrund stand. Dies kann man als großen Unterschied zwischen neuer und traditioneller Regionaler Geographie festhalten.

Trotz der Kritik an den „Locality Studies" wird herausgestellt, dass die empirischen Arbeiten der „New Regional Geography" eine eindrucksvolle Innovation innerhalb der raumbezogenen Forschung im angelsächsischen Raum darstellen. Auf Grund der bisherigen Diskussion kann festgehalten werden, dass die „New Regional Geography" einen erheblichen innovativen Gehalt aufweist, sowohl als theoretisch-konzeptionelles Projekt als auch als empirisches Projekt. Allerdings gibt es auch eine Reihe von offenen Fragen beziehungsweise Problemfeldern, die einen erheblichen Klärungs- und Diskussionsbedarf aufweisen. (vgl. WOOD 1996)

6. Literaturverzeichnis:

BAHRENBERG,G. (1996): Warum Länderkunde (Regionale Geographie)? In: Margraf,O. (Hrsg.)(1996): Theorie und Quantitative Methodik in der Geographie, Leipzig

BLOTEVOGEL,H. (1996): Aufgaben und Probleme der regionalen Geographie heute, in: Berichte zur deutschen Landeskunde, Band 70, S. 25 ff.

COOKE,P. (1986): The Changing Urban and Regional System in the United Kingdom. Regional Studies 20, S. 243-251

DANIELZYK,R. und OßENBRÜGGE,J. (1993): Perspektiven geographischer Regionalforschung. „Locality Studies" und regulationstheoretische Ansätze, in: Geographische Rundschau 45 (1993), S. 210-216

EHLERS,E. und WERTH,M. (Hg.) (1990) Länderkunde als wissenschaftliche Aufgabe, Saarbrücken

GIDDENS,A. (1988): Die Konstitution der Gesellschaft, Frankfurt

KRAFT,V. (1929): Die Geographie als Wissenschaft. In: Methodenlehre der Geographie. Leipzig: Deuticke. S. 1-22

LAUTENSACH,H. (1933): Wesen und Methoden der geographischen Wissenschaft. In: Fritz KLUTE (Hg.): Handbuch der Geographischen. Allgemeine Geographie. S. 23-56

MASSEY,D. (1984): Spatial Divisions of Labour, London

PAASI,A. (1986): The Institutionalization of Regions: a theoretical Framework for Understanding the Emergence of Regions and the Constitution of regional Identity. In: Fennia 164, S. 105-146

WERLEN,B. (2000): Sozialgeographie, Stuttgart

WOOD,G. (1996): Regionale Geographie im Umbruch? in: Berichte zur deutschen Landeskunde, Band 70, S. 55 ff.